全国高职高专测绘类核心课程规划教材

地形测量技术实训指导书

主　编　马真安　吴文波
副主编　柳小燕　杨　蕾

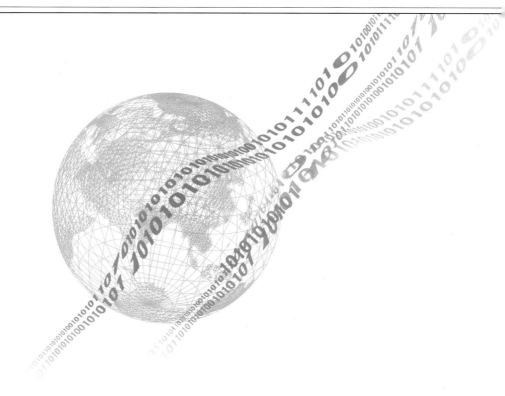

武汉大学出版社

图书在版编目(CIP)数据

地形测量技术实训指导书/马真安,吴文波主编;柳小燕,杨蕾副主编.
—武汉:武汉大学出版社,2011.12
全国高职高专测绘类核心课程规划教材
ISBN 978-7-307-09353-9

Ⅰ.地… Ⅱ.①马… ②吴… ③柳… ④杨… Ⅲ.地形测量—高等职业教育—教学参考资料 Ⅳ.P217

中国版本图书馆 CIP 数据核字(2011)第 249090 号

责任编辑:胡 艳　　责任校对:刘 欣　　版式设计:马 佳

出版:**武汉大学出版社** （430072 武昌 珞珈山）
（电子邮件:cbs22@whu.edu.cn 网址:www.wdp.com.cn）
印刷:荆州市鸿盛印务有限公司
开本:787×1092 1/16 印张:4.75 字数:110 千字 插页:1
版次:2011 年 12 月第 1 版　　2011 年 12 月第 1 次印刷
ISBN 978-7-307-09353-9/P·190　　定价:12.00 元

版权所有,不得翻印;凡购买我社的图书,如有质量问题,请与当地图书销售部门联系调换。

序

21世纪将测绘带入信息化测绘发展的新阶段。信息化测绘技术体系是在对地观测技术、计算机信息化技术和现代通信技术等现代技术支撑下的有关地理空间数据的采集、处理、管理、更新、共享和应用的技术集成。测绘科学正在向着近年来国内外兴起的新兴学科——地球空间信息学跨越和融合；测绘技术的革命性变化，使测绘组织的管理机构、生产部门及岗位设置和职责发生变化；测绘工作者提供地理空间位置及其附属信息的服务，测绘产品的表现形式伴随相关技术的发展，在保持传统的特性同时，直观可视等方面得到了巨大的进步；从向专业部门的服务逐渐扩大到面对社会公众的普遍服务，从而使社会测绘服务的需求得到激发并有了更加良好的满足。测绘科技的发展，社会需求、测绘管理及生产组织及过程的深刻变化，对测绘工作者，特别是对高端技能应用性职业人才，在知识和能力体系构建的要求方面也发生着相应的深刻发展和变化。

社会和科技的进步和发展，形成了对高端技能人才的大量需求，在这样的社会需求背景下，高等职业教育得到了蓬勃发展，在高等教育体系中占据了半壁江山。高等职业教育作为高等教育的必然组成部分，以系统化职业能力及其发展为目标，在高端技能应用性职业人才的培养的探索上迈出了刚劲有力的步伐，取得了可喜的佳绩，为全国高等教育的大众化做出了应有的贡献。

高职高专测绘类专业作为全国高职教育的一部分，在广大教师的共同努力下，以培养高端技能应用性人才为方向，不断推进改革和建设，在探究培养满足现时要求并能不断自我发展的测绘职业人才道路上，迈出了坚实的步伐；办学规模和专业点的分布也得到了长足发展。在人才培养过程中，结合测绘工程实际，加强测绘工程训练，突出过程，强化系统化测绘职业能力构建等方面取得了成果。伴随专业人才培养和教学的建设和改革，作为教学基础资源，教材的建设也得到了良好的推动，编写出了系列成套教材，并从有到精，注意不断将测绘科技和高职人才培养的新成果进教材，以推动进课堂，在人才培养中发挥作用。为了进一步推动高职高专测绘类专业的教学资源建设，武汉大学出版社积极支持测绘类专业教学建设和改革，组织了富有测绘教学经验的骨干教师，结合目前教育部高职高专测绘类专业教学指导委员会研制的"高职测绘类专业规范"对人才培养的要求及课程设置，编写了本套《全国高职高专测绘类核心课程规划教材》。

教材编写结合高职高专测绘类专业的人才培养目标，体现培养人才的类型和层次定位；在编写组织设计中，注意体现核心课程教材组合的整体性和系统性，贯穿以系统化知识为基础，构建较好满足现实要求的系统化职业能力及发展为目标；体现测绘学科和测绘技术的新发展、测绘管理与生产组织及相关岗位的新要求；体现职业性，突出系统工作过程，注意测绘项目工程和生产中与相关学科技术之间的交叉与融合；体现最新的教学思想和高职人才培养的特色，在传统的教材基础上，勇于创新，按照课程改革建设的教学要求，也探索按照项目教学及实训的教学组织，突出过程和能力培养，具有一定的创新意识。教材适合高职高专测绘类专业教学使用，也可提供给相关专业技术人员学习参考，必将在培养高端技能应用性测绘职业人才等方面发挥积极作用。

教育部高等学校高职高专测绘类专业教学指导委员会主任委员

二〇一一年八月十四日

前　言

　　本书是《地形测量技术》的配套教材，按照该教材的任务设置，在项目一、项目二、项目三中分别安排了不同内容的课间实习，共有十二次。在实习内容的安排上，本书强化了全站仪的使用与训练。

　　本书由辽宁交通高等专科学校的马真安、吴文波两位老师担任主编，由于编者水平所限和时间仓促，书中难免有不妥之处，恳请业内专家与广大读者指正。

编　者

2011 年 9 月

目 录

测量实训总则 ··· 1

项目一 水准点的高程测量 ··· 4
    实习一 水准仪的认识与技术操作 ·· 4
    实习二 等外水准测量 ··· 6
    实习三 微倾式水准仪的检验与校正 ··· 7
    实习四 四等水准测量 ··· 9

项目二 导线测量 ·· 12
    实习五 经纬仪的认识与技术操作 ·· 12
        Ⅰ DJ_6 级光学经纬仪的认识与操作 ·· 12
        Ⅱ DJ_2 级光学经纬仪的认识与操作 ·· 14
    实习六 用测回法观测水平角 ··· 15
    实习七 竖直角观测 ·· 16
    实习八 DJ_6 级光学经纬仪的检验与校正 ·· 18
    实习九 全站仪的基本操作与使用 ·· 21
    实习十 全站仪导线测量 ·· 22
    实习十一 全站仪三维坐标测量 ·· 23

项目三 地形图测绘与应用 ·· 25
    实习十二 经纬仪测绘法测图 ··· 25

附录一 水准仪的认识与操作实习报告 ·· 27
附录二 等外水准测量记录表 ·· 29
        等外水准测量实习报告 ·· 31
附录三 水准仪的检验与校正实习报告 ·· 33
附录四 四等水准测量记录表 ·· 35
        四等水准测量实习报告 ·· 37
附录五 DJ_6 级光学经纬仪的认识与操作实习报告 ····································· 39
附录六 DJ_2 级光学经纬仪的认识与操作实习报告 ····································· 41
附录七 用测回法观测水平角记录表 ··· 43
        用测回法观测水平角实习报告 ··· 45

附录八	观测竖直角记录表 …………………………………………… 47
	竖直角测量实习报告 …………………………………………… 49
附录九	DJ₆级光学经纬仪的检验与校正实习报告 ………………………… 51
附录十	用全站仪观测水平角及水平距离记录表 …………………………… 57
附录十一	导线外业测量记录表 …………………………………………… 59
附录十二	全站仪三维坐标测量实习报告 …………………………………… 61
附录十三	地形测量记录表（用经纬仪法） ………………………………… 63
	经纬仪测绘法测图实习报告 ……………………………………… 65

参考文献 ……………………………………………………………………… 67

测量实训总则

一、测量实习规定

1. 在实习之前，必须复习教材中的有关内容，认真仔细地预习本书，以明确目的，了解任务，熟悉实习步骤或实习过程，注意有关事项，并准备好所需文具用品。

2. 实习分小组进行，组长负责组织协调工作，办理所用仪器工具的借领和归还手续。

3. 实习应在规定的时间进行，不得无故缺席或迟到早退；应在指定的场地进行，不得擅自改变地点或离开现场。

4. 必须遵守总则中列出的"测量仪器工具的借领与使用规则"和"测量记录与计算规则"。

5. 服从教师的指导，严格按照实习的要求认真、按时、独立地完成任务。每项实习都应取得合格的成果，提交书写工整、规范的实习报告或实习记录，经指导教师审阅同意后，才可交还仪器工具，结束实习。

6. 在实习过程中，应遵守纪律，爱护现场的花草、树木和农作物，爱护周围的各种公共设施，任意砍折、踩踏或损坏者应予以赔偿。

二、测量仪器工具的借领与使用规则

对测量仪器工具的正确使用、精心爱护和科学保养，是测量人员必须具备的素质和应该掌握的技能，也是保证测量成果质量、提高测量工作效率和延长仪器工具使用寿命的必要条件。在仪器工具的借领与使用中，必须严格遵守下列规定。

（一）仪器工具的借领

1. 实习时，凭学生证到仪器室办理借领手续，以小组为单位领取仪器工具。

2. 借领时，应该当场清点检查：实物与清单是否相符；仪器工具及其附件是否齐全；背带及提手是否牢固；脚架是否完好等。如有缺损，可以补领或更换。

3. 离开借领地点之前，必须锁好仪器，并捆扎好各种工具。搬运仪器工具时，必须轻取轻放，避免剧烈震动。

4. 借出仪器工具之后，不得与其他小组擅自调换或转借。

5. 实习结束，应及时收装仪器工具，送还借领处检查验收，办理归还手续。如有遗失或损坏，应写出书面报告说明情况，并按有关规定予以赔偿。

（二）仪器的安装

1. 在三脚架安置稳妥之后，方可打开仪器箱。开箱前，应将仪器箱放在平稳处，严禁托在手上或抱在怀里。

2. 打开仪器箱之后，要看清并记住仪器在箱中的安放位置，避免以后装箱困难。

3. 提取仪器之前，应先松开制动螺旋，再用双手握住支架或基座，轻轻取出仪器放在三脚架上，保持一手握住仪器，一手拧连接螺旋，最后旋紧连接螺旋，使仪器与脚架连接牢固。

4. 装好仪器之后，注意随即关闭仪器箱盖，防止灰尘和湿气进入箱内。严禁坐在仪器箱上。

（三）仪器的使用

1. 仪器安置之后，不论是否操作，都必须有人看护，防止无关人员搬弄或行人、车辆碰撞。

2. 在打开物镜时或在观测过程中，如发现灰尘，可用镜头纸或软毛刷轻轻拂去，严禁用手指或手帕等物擦拭镜头，以免损坏镜头上的镀膜。观测结束后，应及时套好镜盖。

3. 转动仪器时，应先松开制动螺旋，再平稳转动。使用微动螺旋时，应先旋紧制动螺旋。

4. 制动螺旋应松紧适度，微动螺旋和脚螺旋不要旋到顶端，使用各种螺旋都应均匀用力，以免损伤螺纹。

5. 在野外使用仪器时，应该撑伞，严防日晒雨淋。

6. 在仪器发生故障时，应及时向指导教师报告，不得擅自处理。

（四）仪器的搬迁

1. 在行走不便的地区迁站或远距离迁站时，必须将仪器装箱之后再搬迁。

2. 短距离迁站时，可将仪器连同脚架一起搬迁。其方法是：先取下垂球，检查并旋紧仪器连接螺旋，松开各制动螺旋，使仪器保持初始位置（经纬仪望远镜物镜对向度盘中心，水准仪的水准器向上）；再收拢三脚架，左手握住仪器基座或支架放在胸前，右手抱住脚架放在肋下，稳步行走。严禁斜扛仪器，以防碰摔。

3. 搬迁时，小组其他人员应协助观测员带走仪器箱和有关工具。

（五）仪器的装箱

1. 每次使用仪器之后，应及时清除仪器上的灰尘及脚架上的泥土。

2. 仪器拆卸时，应先将仪器脚螺旋调至大致同高的位置，再一手扶住仪器，一手松开连接螺旋，双手取下仪器。

3. 仪器装箱时，应先松开各制动螺旋，使仪器就位正确，试关箱盖确认放妥后，再拧紧制动螺旋，然后关箱上锁。若合不上箱口，切不可强压箱盖，以防压坏仪器。

4. 清点所有附件和工具，防止遗失。

（六）测量工具的使用

1. 钢尺的使用：应防止扭曲、打结和折断，防止行人踩踏或车辆碾压，尽量避免尺身沾水。携尺前进时，应将尺身提起，不得沿地面拖行，以防损坏刻画。用完钢尺应擦净、涂油，以防生锈。

2. 皮尺的使用：应均匀用力拉伸，避免着水、车压。如果皮尺受潮，应及时晾干。

3. 各种标尺、花杆的使用：应注意防水、防潮，防止受横向压力，不能磨损尺面刻画的漆皮，不用时应安放稳妥。使用塔尺时，还应注意接口处的正确连接，用后及时收尺。

4. 测图板的使用：应注意保护板面，不得乱写乱扎，不能施以重压。

5. 小件工具如垂球、测钎、尺垫等的使用：应用完即收，防止遗失。

6. 一切测量工具都应保持清洁，专人保管搬运，不能随意放置，更不能作为捆扎、抬、担的工具使用。

三、测量记录与计算规则

测量记录是外业观测成果的记载和内业数据处理的依据。在测量记录或计算时，必须严肃认真，一丝不苟，严格遵守下列规则：

1. 在测量记录之前，准备好硬芯（2H 或 3H）铅笔，同时熟悉记录表上各项内容及填写、计算方法。

2. 记录观测数据之前，应将记录表头的仪器型号、日期、天气、测站、观测者及记录者姓名等无一遗漏地填写齐全。

3. 观测者读数后，记录者应随即在测量记录表上的相应栏内填写，并复诵回报以资检核。不得另纸记录，事后转抄。

4. 记录时，要求字体端正清晰，数位对齐，数字对齐。字体的大小一般占格宽的 $\frac{1}{2} \sim \frac{1}{3}$，字脚靠近底线；表示精度或占位的"0"（例如水准尺读数 1.500 或 0.234，度盘读数 93°04′00″）均不可省略。

5. 观测数据的尾数不得更改，读错或记错后必须重测重记。例如，角度测量时，秒级数字出错，应重测该测回；水准测量时，毫米级数字出错，应重测该测站；钢尺量距时，毫米级数字出错，应重测该尺段。

6. 观测数据的前几位若出错时，应用细横线画去错误的数字，并在原数字上方写出正确的数字。注意不得涂擦已记录的数据。禁止连环更改数字，如水准测量中的黑、红面读数，角度测量中的盘左、盘右，距离丈量中的往、返量等，均不能同时更改，否则应重测。

7. 记录数据修改后或观测成果废去后，都应在备注栏内写明原因（如测错、记错或超限等）。

8. 每站观测结束后，必须在现场完成规定的计算和检核，确认无误后方可迁站。

9. 数据运算应根据所取位数，按"4 舍 6 入，5 前单进双舍"的规则进行凑整。例如，对 1.4244m、1.4236m、1.4235m、1.4245m 这几个数据，若取至毫米位，则均应记为 1.424m。

10. 应该保持测量记录的整洁，严禁在记录表上书写无关内容，更不得丢失记录表。

项目一　水准点的高程测量

实习一　水准仪的认识与技术操作

一、目的与要求

1. 认识水准仪的一般构造。
2. 熟悉水准仪的技术操作方法。

二、仪器与工具

1. 由仪器室借领：DS3 水准仪 1 台、水准尺 1 根、记录板 1 块、测伞 1 把。
2. 自备：铅笔、草稿纸。

三、实习方法与步骤

1. 指导教师讲解水准仪的构造及操作方法。
2. 安置和粗平水准仪。

水准仪的安置主要是整平圆水准器，使仪器概略水平。做法是：选好安置位置，将仪器用连接螺旋安紧在三脚架上，先踏实两脚架尖，摆动另一只脚架，使圆水准器气泡概略居中，然后转动脚螺旋使气泡居中。转动脚螺旋，使气泡居中的操作规律是：气泡需要向哪个方向移动，左手拇指就向哪个方向转动脚螺旋。如图 1-1(a)所示，气泡偏离在 a 的位置，首先按箭头所指的方向同时转动脚螺旋①和②，使气泡移到 b 的位置，如图 1-1(b)所示，再按箭头所指方向转动脚螺旋③，使气泡居中。

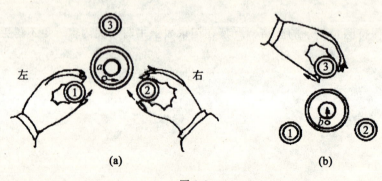

图 1-1

3. 用望远镜照准水准尺，并且消除视差。

首先用望远镜对着明亮背景，转动目镜对光螺旋，使十字丝清晰可见。然后松开制动螺旋，转动望远镜，利用镜筒上的准星和照门照准水准尺，旋紧制动螺旋。再转动物镜对光螺旋，使尺像清晰。此时，如果眼睛上、下晃动，十字丝交点总是指在标尺物像的一个固定位置，即无视差现象，如图 1-2（a）所示。如果眼睛上、下晃动，十字丝横丝在标尺上错动就是有视差，说明标尺物像没有呈现在十字丝平面上，如图 1-2（b）所示。若有视差将影响读数的准确性。消除视差时，要仔细进行物镜对光，使水准尺看得最清楚，这时，如十字丝不清楚或出现重影，再旋转目镜对光螺旋，直至完全消除视差为止，最后利用微动螺旋使十字丝精确照准水准尺。

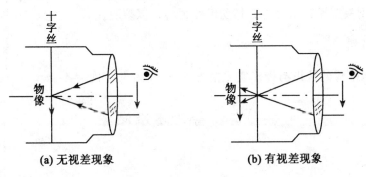

图 1-2

4. 精确整平水准仪。

转动微倾螺旋，使管水准器的符合水准气泡两端的影像符合，如图 1-3 所示。转动微倾螺旋时要稳重，慢慢地调节，避免气泡上下不停错动。

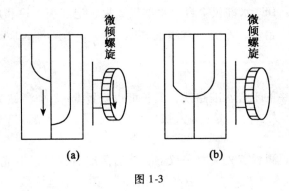

图 1-3

5. 读数。

以十字丝横丝为准，读出水准尺上的数值，读数前，要对水准尺的分划、注记分析清楚，找出最小刻画单位，整分米、整厘米的分画及米数的注记。先估读毫米数，再读出米、分米、厘米数。要特别注意，不要错读单位和发生漏"0"现象。读数后，应立即查看气泡是否仍然符合，否则应重新使气泡符合后再读数。

四、注意事项

1. 安置仪器时，应将仪器中心连接螺旋拧紧，防止仪器从脚架上脱落下来。
2. 水准仪为精密光学仪器，在使用中，要按照操作规程作业，各个螺旋要正确使用。
3. 在读数前，务必将水准器的符合水准气泡严格符合；读数后，应复查气泡符合情况，发现气泡错开，应立即重新将气泡符合后再读数。
4. 转动各螺旋时，要稳、轻、慢，不能用力太大。
5. 在实习过程中，要及时填写实习报告，发现问题，及时向指导教师汇报，不能自行处理。
6. 水准尺必须要有人扶着，绝不能立在墙边或靠在电杆上，以防摔坏。
7. 螺旋转到头要返转回少许，切勿继续再转，以防脱扣。

五、上交资料

每人上交水准仪的认识与操作实习报告一份（见附录一）。

实习二　等外水准测量

一、目的与要求

1. 熟悉水准仪的构造及使用方法。
2. 掌握等外水准测量的实际作业过程。
3. 施测一闭合水准线路，计算其闭合差。

二、仪器与工具

1. 由仪器室借领：DS_3 水准仪 1 台、水准尺 2 根、记录板 1 块、尺垫 2 个。
2. 自备：计算器、铅笔、小刀、草稿纸。

三、实习方法与步骤

1. 全组共同施测一条闭合水准路线，其长度以安置 6~8 个测站为宜。确定起始点及水准路线的前进方向。人员分工是：2 人扶尺，1 人记录，1 人观测。施测 2~3 站后轮换工作。
2. 在每一站上，观测者首先应整平仪器，然后照准后视尺，对光、调焦、消除视差。慢慢转动微倾螺旋，将管水准器的气泡严格符合后，读取中丝读数，记录员将读数记入记录表中。读完后视读数，紧接着照准前视尺，用同样的方法读取前视读数。记录员把前、后视读数记好后，应立即计算本站高差。
3. 用上一步骤的方法依次完成本闭合线路的水准测量。
4. 水准测量记录要特别细心，当记录者听到观测者所报读数后，要回报观测者，经默许后方可记入记录表中。观测者应注意复核记录者的复诵数字。
5. 观测结束后，立即算出高差闭合差 $f_h = \sum h_i$，如果 $f_h \leq f_{h容}$，则说明观测成果合格，即可算出各立尺点高程(假定起点高程为500m)；否则，要进行重测。

四、注意事项

1. 水准测量工作要求全组人员紧密配合，互谅互让，共同完成。
2. 中丝读数一般以米为单位时，读数保留小数点后三位，记录员也应记满四个数字，"0"不可省略。
3. 扶尺者要将尺扶直，与观测人员配合好，选择好立尺点。
4. 水准测量记录中严禁涂改、转抄，不准用钢笔、圆珠笔记录，字迹要工整、整齐、清洁。
5. 每站水准仪置于前、后尺距离基本相等处，以消除或减少视准轴不平行于水准管轴的误差及其他误差的影响。
6. 在转点上立尺，读完上一站前视读数后，在下站的测量工作未完成之前绝对不能碰动尺垫或弄错转点位置。
7. 为校核每站高差的正确性，应按变换仪器高方法进行施测，以求得平均高差值作为本站的高差。
8. 限差要求：同一测站两次仪器高所测高差之差应小于5mm；水准路线高差闭合差的容许值为 $f_{h容} = \pm 40\sqrt{n}$（或 $\pm 12\sqrt{n}$）mm。

五、上交资料

1. 每人上交合格的等外水准测量记录表一份(见附录二)。
2. 每人上交实习报告一份(见附录二)。

实习三 微倾式水准仪的检验与校正

一、目的与要求

1. 认识微倾式水准仪的主要轴线及它们之间所具备的几何关系。
2. 掌握水准仪的检验方法。
3. 了解水准仪的校正方法。

二、仪器与工具

1. 由仪器室借领：DS_3 水准仪1台、水准尺2根、尺垫2个、木桩2个、斧子1把、校正针1根。
2. 自备：计算器、铅笔、小刀、草稿纸。

三、实习方法与步骤

1. 一般性检验。

安置仪器后，首先检验：三脚架是否牢固；制动和微动螺旋、微倾螺旋、对光螺旋、脚螺旋等是否有效；望远镜成像是否清晰等。同时了解水准仪各主要轴线及其相互关系。

2. 圆水准器轴平行于仪器竖轴的检验和校正。

（1）检验：转动脚螺旋，使圆水准器气泡居中，将仪器绕竖轴旋转180°后，若气泡仍居中，则说明圆水准器轴平行于仪器竖轴；否则需要校正。

（2）校正：先稍松圆水准器底部中央的固紧螺丝，再拨动圆水准器的校正螺丝，使气泡返回偏离量的一半，然后转动脚螺旋；使气泡居中。如此反复检校，直到圆水准器在任何位置时，气泡都在刻画圈内为止。最后旋紧固紧螺旋。

3. 十字丝横丝垂直于仪器竖轴的检验与校正。

（1）检验：以十字丝横丝一端瞄准约20m处一细小目标点，转动水平微动螺旋，若横丝始终不离开目标点，则说明十字丝横丝垂直于仪器竖轴；否则需要校正。

（2）校正：旋下十字丝分划板护罩，用小螺丝刀松开十字丝分划板的固定螺丝，微略转动十字丝分划板，使转动水平微动螺旋时横丝不离开目标点。如此反复检校，直至满足要求。最后将固定螺丝旋紧，并旋上护罩。

4. 水准管轴与视准轴平行关系的检验与校正。

（1）检验：

①如图3-1（a）所示，选择相距75~100m、稳定且通视良好的两点A、B，在A、B两点上各打一个木桩固定其点位。

②水准仪置于距A、B两点等远处的I位置，用变换仪器高度法测定A、B两点间的高差（两次高差之差不超过3mm时可取平均值作为正确高差h_{AB}），即

$$h_{AB} = \frac{(a_1' - b_1' + a_1'' - b_1'')}{2} \quad (a)$$

③再把水准仪置于离A点3~5m的Ⅱ位置，如图3-1（b）所示，精平仪器后，读取近尺A上的读数a_2。

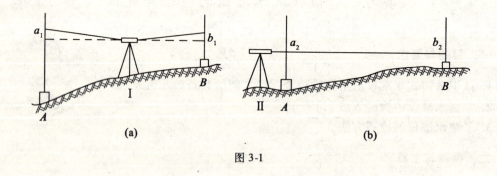

图3-1

④计算远尺B上的正确读数值b_2，有

$$b_2 = a_2 - h_{AB}$$

⑤照准远尺B，旋转微倾螺旋，将水准仪视准轴对准B尺上的b_2读数，这时，如果水准管气泡居中，即符合气泡影像符合，则说明视准轴与水准管轴平行；否则应进行校正。

（2）校正：

①重新旋转水准仪微倾螺旋，使视准轴对准B尺读数b_2，这时水准管符合气泡影像

错开，即水准管气泡不居中。

②用校正针先松开水准管左右校正螺丝，再拨动上下两个校正螺丝（先松上（下）边的螺丝，再紧下（上）边的螺丝），直到使符合气泡影像符合为止。此项工作要重复进行几次，直到符合要求为止。

四、注意事项

1. 水准仪的检验和校正过程要认真细心，不能马虎。原始数据不得涂改。
2. 校正螺丝都比较精细，在拨动螺丝时要慢、稳、均。
3. 各项检验和校正的顺序不能颠倒，在检校过程中同时填写实习报告。
4. 各项检校都需要重复进行，直到符合要求为止。
5. 对 100m 长的视距，一般要求检验远尺的读数与计算值之差不大于 3~5mm。
6. 每项检校完毕，都要拧紧各个校正螺丝，上好护盖，以防脱落。
7. 校正后，应再作一次检验，看其是否符合要求。
8. 本次实习要求学生在实习过程中要及时填写实习报告，只进行检验，如若校正，则应在指导教师的直接指导下进行。

五、上交资料

每小组上交水准仪的检验与校正实习报告一份（见附录三）。

实习四　四等水准测量

一、目的与要求

1. 学会用双面水准尺进行四等水准测量的观测、记录、计算方法。
2. 熟悉四等水准测量的主要技术指标，掌握测站及水准路线的检核方法。

二、仪器与工具

1. 由仪器室借领：DS_3 水准仪 1 台、双面水准尺 2 根，记录板 1 块，尺垫 2 个，测伞 1 把。
2. 自备：计算器、铅笔、小刀、计算用纸。

三、实习方法与步骤

1. 选定一条闭合或附合水准路线，其长度以安置 4~6 个测站为宜。沿线标定待定点的地面标志。
2. 在起点与第一个立尺点之间设站，安置好水准仪后，按以下顺序观测并填写四等水准测量记录表（见附录四）：

后视黑面尺，读取下、上丝读数；精平，读取中丝读数；分别记入记录表（1）、（2）、（3）顺序栏中。

前视黑面尺，读取下、上丝读数；精平，读取中丝读数；分别记入记录表（4）、（5）、

(6)顺序栏中。

前视红面尺，精平，读取中丝读数；记入记录表(7)顺序栏中。

后视红面尺，精平，读取中丝读数；记入记录表(8)顺序栏中。

这种观测顺序简称"后—前—前—后"，也可采用"后—后—前—前"的观测顺序。

3. 各种观测记录完毕，应随即计算：

①黑、红面分划读数差（即同一水准尺的黑面读数+常数 K—红面读数）填入记录表(9)、(10)顺序栏中；

②黑、红面分划所测高差之差填入记录表(11)、(12)、(13)顺序栏中；

③高差中数填入记录表(14)顺序栏中；

④前、后视距（即上、下丝读数差乘以100，单位为 m）填入记录表(15)、(16)顺序栏中；

⑤前、后视距差填入记录表(17)顺序栏中；

⑥前、后视距累积差填入记录表(18)顺序栏中；

⑦检查各项计算值是否满足限差要求。

4. 依次设站，用相同方法施测其他各站。

5. 全路线施测完毕后，计算：

①路线总长（即各站前、后视距之和）；

②各站前、后视距差之和（应与最后一站累积视距差相等）；

③各站后视读数和、各站前视读数和、各站高差中数之和（应为上两项之差的 $\frac{1}{2}$）；

④路线闭合差（应符合限差要求）；

⑤各站高差改正数及各待定点的高程。

四、注意事项

1. 每站观测结束后，应当即计算检核，若有超限，则应重测该测站。全路线施测计算完毕，各项检核均已符合，路线闭合差也在限差之内，即可收测。

2. 有关技术指标的限差规定如下：

等级	视线高度 (m)	视距长度 (m)	前后视距差 (m)	前后视距累计差 (m)	黑、红面分划读数差 (mm)	黑、红面分划所测高差之差 (mm)	路线闭合差 (mm)
四	>0.2	≤80	≤3.0	≤10.0	3.0	5.0	$\pm 20\sqrt{L}$

注：表中 L 为路线总长，以 km 为单位。

3. 四等水准测量作业的集体观念很强，全组人员一定要互相合作，密切配合，相互体谅。

4. 记录者要认真负责，当听到观测值所报读数后，要回报给观测者，经默许后，方可记入记录表中。如果发现有超限现象，应立即告诉观测者进行重测。

5. 严禁为了快出成果，转抄、照抄、涂改原始数据。记录的字迹要工整、整齐、清洁。

6. 四等水准测量记录表内括号"( )"中的数，表示观测读数与计算的顺序。(1)~(8)为记录顺序，(9)~(18)为计算顺序。

7. 仪器前后尺视距一般不超过80m。

8. 双面水准尺每两根为一组，其中一根尺常数 $K_1=4.687$m，另一根尺常数 $K_2=4.787$m，两尺的红面读数相差0.100m(即4.687与4.787之差)。当第一测站前尺位置决定以后，两根尺要交替前进，即后变前，前变后，不能搞乱。记录表中的方向及尺号栏内要写明尺号，在备注栏内写明相应尺号的 K 值。起点高程可采用假定高程，即设 $H_0=100.00$m。

9. 四等水准测量记录计算比较复杂，要多想多练，步步校核，熟中取巧。

10. 四等水准测量在一个测站的观测顺序应为：后视黑面三丝读数，前视黑面三丝读数，前视红面中丝读数，后视红面中丝读数，称为"后—前—前—后"的观测顺序。当沿土质坚实的路线进行测量时，也可以用"后—后—前—前"的观测顺序。

五、上交资料

1. 每组上交合格的观测记录成果一份(见附录四)。
2. 每人上交实习报告一份(见附录四)。

项目二 导线测量

实习五 经纬仪的认识与技术操作

Ⅰ DJ$_6$级光学经纬仪的认识与操作

一、目的与要求

1. 认识经纬仪的一般构造。
2. 熟悉经纬仪的操作方法。

二、仪器与工具

1. 由仪器室借领：DJ$_6$级经纬仪1台、记录板1块、测伞1把。
2. 自备：铅笔、草稿纸。

三、实习方法与步骤

1. 由指导教师讲解经纬仪的构造及操作方法。
2. 学生自己熟悉经纬仪各螺旋的功能。
3. 练习安置经纬仪。经纬仪的安置包括对中和整平两项内容。

(1) 对中：是把经纬仪水平度盘的中心安置在所测角的顶点铅垂线上。对中的方法是：先将三脚架安置在测站点上，架头大致水平，用垂球概略对中后，踏牢三脚架，然后用连接螺旋将仪器固定在三脚架上。此时，若偏离测站点较大，则需将三脚架作平行移动；若偏离较小，可将连接螺旋放松，在三脚架头上移动仪器基座，使垂球尖准确地对准测站点，然后再旋紧连接螺旋。

如果使用带有光学对点器的仪器，对中时，可通过光学对点器进行对中。采用光学对点器对中的做法是：将仪器置于测站点上，使架头大致水平，三个脚螺旋的高度适中，光学对点器大致在测站点铅垂线上。转动对点器目镜，看清分划板中心圈（十字丝），再拉动或旋转目镜，使测站点影像清晰。若中心圈（十字丝）与测站点相距较远，则应平移脚架，而后旋转脚螺旋，使测站点与中心圈（十字丝）重合。伸缩架腿，粗略整平圆水准器，再用脚螺旋使圆水准气泡居中。这时，可移动基座精确对中，最后拧紧连接螺旋。

(2) 整平：是使水平度盘处于水平位置，仪器竖轴铅直。整平的方法是：

①使照准部水准管与任意两个脚螺旋连线平行，如图5-1(a)所示，两手以相反方向同时旋转图中两脚螺旋，使水准管气泡居中。

②将照准部平转90°(有些仪器上装有两个水准管,可以不转),如图5-1(b)所示,再用另一个脚螺旋使水准管气泡居中。

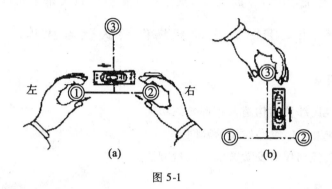

图 5-1

③以上操作反复进行,直到仪器在任何位置气泡都居中为止。

4. 用望远镜瞄准远处目标。

(1)安置好仪器后,松开照准部和望远镜的制动螺旋,用粗瞄器初步瞄准目标,然后拧紧这两个制动螺旋。

(2)调节目镜对光螺旋,看清十字丝,再转动物镜对光螺旋,使望远镜内目标清晰,旋转水平微动和垂直微动螺旋,用十字丝精确照准目标,并消除视差。

5. 练习水平度盘读数。

6. 练习用水平度盘变换手轮设置水平度盘读数。

(1)用望远镜照准选定目标。

(2)拧紧水平制动螺旋,用微动螺旋准确瞄准目标。

(3)转动水平度盘变换手轮,使水平度盘读数设置到预定数值。

(4)松开制动螺旋,稍微旋转后,再重新照准原目标,水平度盘读数应仍为原读数,否则,需重新设置。

(5)掌握离合器扳手的锁紧、松开规律,即扳手向下时锁紧度盘,扳手向上时松开度盘。

四、注意事项

1. 经纬仪是精密仪器,使用时要十分谨慎小心,各个螺旋要慢慢转动。不准大幅度、快速地转动照准部及望远镜。

2. 当一个人操作时,其他人员只作语言帮助,不能多人同时操作一台仪器。

3. 每组中每人的练习时间要因时、因人而异,要互相帮助。在实习过程中要及时填写实习报告。

4. 练习水平度盘读数时,要注意估读的准确性。

5. 用度盘变换钮设置水平度盘读数时,不能用微动螺旋设置分、秒数值,如果这样做,将使目标偏离十字丝交点。

五、上交资料

每人上交 DJ_6 级光学经纬仪的认识与操作实习报告一份（见附录五）。

Ⅱ　DJ_2 级光学经纬仪的认识与操作

一、目的与要求

1. 认识 DJ_2 级经纬仪的构造及各部件的功能。
2. 区分 DJ_2 级和 DJ_6 级经纬仪的异同点。
3. 熟悉 DJ_2 级经纬仪的安置方法及读数方法。

二、仪器与工具

1. 由仪器室借领：DJ_2 级经纬仪 1 台、记录板 1 块、测伞 1 把、花杆 2 根。
2. 自备：铅笔、小刀、草稿纸。

三、实习方法与步骤

1. 认识 DJ_2 级经纬仪。

（1）熟悉 DJ_2 级经纬仪各部件的名称及作用。

（2）了解下列各个装置的功能和用途：

①制动螺旋：水平制动和竖直制动——分别用于固定照准部和望远镜。

②微动螺旋：水平微动和竖直微动——用于精确瞄准目标。

③水准管：照准部水准管——用于显示水平度盘是否水平；竖盘指标水准管——用于显示竖盘指标线是否指向正确的位置。

④水平度盘变换装置：DJ_2 级经纬仪通过该装置，可设置起始方向的水平度盘读数。

⑤换像手轮：DJ_2 级经纬仪通过该装置，可设置读数窗处于水平或竖直度盘的影像。

2. DJ_2 级经纬仪的安置。

DJ_2 级经纬仪的安置方法与 DJ_6 级光学经纬仪相同。

3. 照准目标。

DJ_2 级经纬仪的照准方法与 DJ_6 级光学经纬仪相同。

4. 读数练习。

（1）当读数设备是对径分划读数视窗时，如图 5-2(a)所示：

①将换像手轮置于水平位置，打开反光镜，使读数窗明亮；

②转动测微轮使读数窗内上、下分划线对齐；

③读出位于左侧或靠中的正像刻度线的度读数（163°）；

④读出与正像刻度线相差 180°位于右侧或靠中的倒像刻度线之间的格数 n，即 $n \times 10'$ 的分读数（$2 \times 10' = 20'$）；

⑤读出测微尺指标线截取小于 10′的分、秒读数（7′34″）；

⑥将上述度、分、秒相加，即得整个度盘读数（163°27′34″）。

(2)当读数设备是数字化读数视窗时,如图 5-2(b)所示:

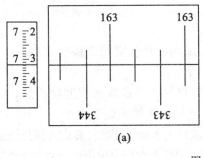 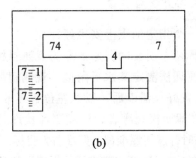

图 5-2

①同样先将读数窗内分划线上、下对齐;
②读取窗口最上边的度数(74°)和中部窗口 10′的注记(40′);
③再读取测微器上小于 10′的数值(7′16″);
④将上述的度、分、秒相加,即得水平度盘读数(74°47′16″)。
5. 归零。
(1)首先用测微轮将小于 10′的测微器上的读数对着 0′00″。
(2)打开水平度盘变换手轮的保护盖,用手拨动该手轮,将度和整分调至 0°00′,并保证分划线上、下对齐。

四、注意事项

1. DJ_2 级经纬仪属精密仪器,应避免日晒和雨淋,操作上要做到轻、慢、稳。在实习过程中要及时填写实习报告。

2. 在对中过程中调节圆水准气泡居中时,切勿用脚螺旋调节,而应用脚架调节,以免破坏对中。

3. 整平好仪器后,应检查对中点是否偏移超限。

五、上交资料

每人上交 DJ_2 级光学经纬仪的认识与操作实习报告一份(见附录六)。

实习六 用测回法观测水平角

一、目的与要求

1. 进一步熟悉经纬仪的构造和操作方法。
2. 学会用测回法观测水平角。

二、仪器与工具

1. 由仪器室借领:经纬仪 1 台、记录板 1 块、测伞 1 把。

2. 自备：计算器、铅笔、草稿纸。

三、实习方法与步骤

1. 在一个指定的点上安置经纬仪。
2. 选择两个明显的固定点作为观测目标，或用花杆标定两个目标。
3. 用测回法测定其水平角值。观测程序如下：

（1）安置好仪器以后，以盘左位置照准左方目标，并读取水平度盘读数。记录人听到读数后，立即回报观测者，经观测者默许后，立即记入测角记录表中。

（2）顺时针旋转照准部，照准右方目标，读取其水平度盘读数，并记入测角记录表中。

（3）由（1）、（2）两步完成了上半测回的观测，记录者在记录表中要计算出上半测回角值。

（4）将经纬仪置盘右位置，先照准右方目标，读取水平度盘读数，并记入测角记录表中。其读数与盘左时的同一目标读数大约相差180°。

（5）逆时针转动照准部，再照准左方目标，读取水平度盘读数，并记入测角记录表中。

（6）由（4）、（5）两步完成了下半测回的观测，记录者再算出其下半测回角值。

（7）至此便完成了一个测回的观测。如上半测回角值和下半测回角值之差没有超限（不超过±40″），则取其平均值作为一测回的角度观测值，也就是这两个方向之间的水平角。

4. 如果观测不止一个测回，而是要观测 n 个测回，那么在每测回要重新设置水平度盘起始读数，即对左方目标，每测回在盘左观测时，水平度盘应设置些 $\dfrac{180°}{n}$ 的整倍数来观测。

四、注意事项

1. 在记录前，首先要弄清记录表格的填写次序和填写方法。
2. 每一测回的观测中间，如发现水准管气泡偏离，也不能重新整平。本测回观测完毕，下一测回开始前再重新整平仪器。
3. 在照准目标时，要用十字丝竖丝照准目标的明显地方，最好看目标下部，上半测回照准什么部位，下半测回仍照准这个部位。
4. 长条形较大目标需要用十字丝双丝来照准，点目标用单丝平分。
5. 在选择目标时，最好选取不同高度的目标进行观测。

五、上交资料

1. 每人上交合格的观测记录成果一份（见附录七）。
2. 每人上交实习报告一份（见附录七）。

实习七　竖直角观测

一、目的与要求

1. 学会竖直角的测量方法。
2. 学会竖直角及竖盘指标差的记录、计算方法。

二、仪器与工具

1. 由仪器室借领：DJ_6 经纬仪 1 台、记录板 1 块、测伞 1 把。
2. 自备：计算器、铅笔、小刀、草稿纸。

三、实习方法与步骤

1. 在某指定点上安置经纬仪。
2. 以盘左位置使望远镜视线大致水平。竖盘指标所指读数约为 $90°$。
3. 将望远镜物镜端抬高，即当视准轴逐渐向上倾斜时，观察竖盘读数 L 比 $90°$ 是增加还是减少，借以确定竖直角和指标差的计算公式。

(1) 当望远镜物镜抬高时，如竖盘读数 L 比 $90°$ 逐渐减少，则竖直角计算公式为

$$\alpha_{左} = 90° - L$$

$$\alpha_{右} = R - 270°$$

竖直角 $\alpha = \dfrac{1}{2}(\alpha_{左} + \alpha_{右}) = \dfrac{1}{2}(R - L - 180°)$

竖盘指标差 $X = \dfrac{1}{2}(\alpha_{左} - \alpha_{右}) = -\dfrac{1}{2}(L + R - 360°)$

(2) 当望远镜物镜抬高时，如竖盘读数 L 比 $90°$ 逐渐增大，则竖直角计算公式为

$$\alpha_{左} = L_{读} - 90°$$

$$\alpha_{右} = 270° - R$$

竖直角 $\alpha = \dfrac{1}{2}(\alpha_{左} + \alpha_{右}) = \dfrac{1}{2}(L - R - 180°)$

竖盘指标差 $X = \dfrac{1}{2}(\alpha_{左} - \alpha_{右}) = \dfrac{1}{2}(L + R - 360°)$

4. 用测回法测定竖直角，其观测程序如下：

(1) 安置好经纬仪后，盘左位置照准目标，转动竖盘指标水准管微动螺旋，使水准管气泡居中(符合气泡影像符合)后，读取竖直度盘的读数 L。记录者将读数值 L 记入竖直角测量记录表中。

(2) 根据竖直角计算公式，在记录表中计算出盘左时的竖直角 $\alpha_{左}$。

(3) 再用盘右位置照准目标，转动竖盘指标水准管微动螺旋，使水准管气泡居中(符合气泡影像符合)后，读取其竖直度盘读数 R。记录者将读数值 R 记入竖直角测量记录表中。

(4) 根据竖直角计算公式，在记录表中计算出盘右时的竖直角 $\alpha_{右}$。

(5) 计算一测回竖直角值和指标差。

四、注意事项

1. 直接读取的竖盘读数并非竖直角，竖直角通过计算才能获得。
2. 因竖盘刻画注记和始读数不同，计算竖直角的方法也就不同，要通过检测来确定

正确的竖直角和指标差计算公式。

3. 盘左、盘右照准目标时，要用十字丝横丝照准目标的同一位置。
4. 在竖盘读数前，务必要使竖盘指标水准管气泡居中。

五、上交资料

1. 每人上交合格的观测记录成果一份（见附录八）。
2. 每人上交实习报告一份（见附录八）。

实习八 DJ_6 级光学经纬仪的检验与校正

一、目的与要求

1. 认识 DJ_6 级光学经纬仪的主要轴线及它们之间所具备的几何关系。
2. 熟悉 DJ_6 级光学经纬仪的检验。
3. 了解 DJ_6 级光学经纬仪的校正方法。

二、仪器与工具

1. 由仪器室借领：DJ_6 经纬仪 1 台、记录板 1 块、测伞 1 把、校正针 1 根。
2. 自备：计算器、铅笔、小刀、草稿纸。

三、实习方法与步骤

1. 指导教师讲解各项检校的过程及操作要领。
2. 照准部水准管轴垂直于仪器竖轴的检验与校正。
（1）检验方法：
①将经纬仪严格整平。
②转动照准部，使水准管与三个脚螺旋中的任意一对平行，转动脚螺旋，使气泡严格居中。
③再将照准部旋转180°，此时，如果气泡仍居中，说明该条件能够满足；若气泡偏离中央零点位置，则需进行校正。
（2）校正方法：
①先旋转这一对脚螺旋，使气泡向中央零点位置移动偏离格数的一半。
②用校正针拨动水准管一端的校正螺丝，使气泡居中；
③再次将仪器严格整平后进行检验，如需校正，仍用①、②所述方法进行校正；
④反复进行数次，直到气泡居中后再转动照准部，气泡偏离在半格以内，可不再校正。
3. 十字丝竖丝的检验与校正。
（1）检验方法：
整平仪器后，用十字丝竖丝的最上端照准一明显固定点，固定照准部制动螺旋和望远镜制动螺旋，然后转动望远镜微动螺旋，使望远镜上下微动，如果该固定点目标不离开竖丝，则说明此条件满足，否则需要校正。

(2) 校正方法：

①旋下望远镜目镜端十字丝环护罩，用螺丝刀松开十字丝环的每个固定螺丝；

②轻轻转动十字丝环，使竖丝处于竖直位置；

③调整完毕后，务必拧紧十字丝环的四个固定螺丝，上好十字丝环护罩。

4. 视准轴的检验与校正

(1) 检验方法：

①选取与视准轴大致处于同一水平线上的一点作为照准目标，安置好仪器后，盘左位置照准此目标并读取水平度盘读数，记作 $\alpha_{左}$；

②再以盘右位置照准此目标，读取水平度盘读数，记作 $\alpha_{右}$；

③如 $\alpha_{左} = \alpha_{右} \pm 180°$，则此项条件满足。如果 $\alpha_{左} \neq \alpha_{右} \pm 180°$，则说明视准轴与仪器横轴不垂直，存在视准差 c，即 $2c$ 误差，应进行校正。$2c$ 误差的计算公式如下：

$$2c = \alpha_{左} - (\alpha_{右} - 180°)$$

(2) 校正方法：

①仪器仍处于盘右位置不动，以盘右位置读数为准，计算两次读数的平均值 α，作为正确读数，即

$$\alpha = \frac{\alpha_{左} + (\alpha_{右} \pm 180°)}{2}$$

②转动照准部微动螺旋，使水平度盘指标在正确读数 α 上，这时，十字丝交点偏离了原目标；

③旋下望远镜目镜端的十字丝护罩，松开十字丝环上、下校正螺丝，拨动十字丝环左、右两个校正螺丝(先松左(右)边的校正螺丝，再紧右(左)边的校正螺丝)，使十字丝交点回到原目标，即使视准轴与仪器横轴相垂直；

④调整完后，务必拧紧十字丝环上、下两校正螺丝，上好望远镜目镜护罩。

5. 横轴的检验与校正。

(1) 检验方法：

①将仪器安置在一个清晰的高目标附近(望远镜仰角为30°左右)，视准面与墙面大致垂直，如图8-1所示，盘左位置照准目标 M，拧紧水平制动螺旋后，将望远镜放到水平位置，在墙上(或横放的尺子上)标出 m_1 点；

②盘右位置仍照准高目标 M，放平望远镜，在墙上(或横放的尺子上)标出 m_2 点，若 m_1 与 m_2 两点重合，则说明望远镜横轴垂直仪器竖轴，否则需校正。

(2) 校正方法：

①由于盘左和盘右两个位置的投影各向不同方向倾斜，而且倾斜的角度是相等的，取 m_1 与 m_2 的中点 m，即是高目标点 M 的正确投影位置。得到 m 点后，用微动螺旋使望远镜照准 m 点，再仰起望远镜看高目标点 M，此时十字丝交点将偏离 M 点；

②此项校正一般应送仪器组专修后进行。

6. 竖盘指标水准管的检验与校正。

(1) 检验方法：

①安置好仪器后，盘左位置照准某一高处目标(仰角大于30°)，用竖盘指标水准管微

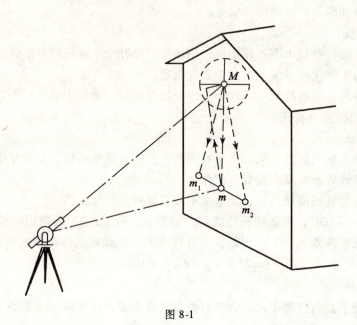

图 8-1

动螺旋使水准管气泡居中,读取竖直度盘读数,并根据实习所述的方法,求出其竖直角 $\alpha_{左}$;

②再以盘右位置照准此目标,用同样方法求出其竖直角 $\alpha_{右}$;

③若 $\alpha_{左} \neq \alpha_{右}$,则说明有指标差,应进行校正。

(2)校正方法:

①计算出正确的竖直角 α:

$$\alpha = \frac{1}{2}(\alpha_{左} + \alpha_{右})$$

②仪器仍处于盘右位置不动,不改变望远镜所照准的目标,再根据正确的竖直角和竖直度盘刻画特点求出盘右时竖直度盘的正确读数值,并用竖直指标水准管微动螺旋使竖直度盘指标对准正确读数值,这时,竖盘指标水准管气泡不再居中;

③用拨针拨动竖盘指标水准管上、下校正螺丝,使气泡居中,即消除了指标差,达到了检校的目的。

7. 光学对点器的检验与校正。

目的:使光学对点器的视准轴经棱镜折射后与仪器与竖轴重合。

(1)检验方法:

①对点器安装在基座上的仪器:将仪器水平放置在桌面上,并固定仪器(仪器基座距墙约 1.3m),通过对点器标注墙上目标 a,转动基座 180°,再看十字丝是否与 a 重合,若重合,条件满足,否则需要校正;

②对点器安装在照准部上的仪器:安置经纬仪于脚架上,移动放置在脚架中央地面上标有 a 点的白纸,使十字丝中心与 a 点重合。转动仪器 180°,再看十字丝中心是否与地面上的 a 目标重合,若重合,条件满足,否则需要校正。

（2）校正方法：

仪器类型不同，校正的部位不同，但总的来说有两种校正方式：

①校正转向直角棱镜：该棱镜在左右支架间用护盖盖着，校正时用校正螺丝调节偏离量的一半即可。

②校正光学对点器目镜十字丝分划板：调节分划板校正螺丝，使十字丝退回偏离值的一半，即可达到校正的目的。

四、注意事项

1. 经纬仪检校是很精细的工作，必须认真对待。
2. 在实习过程中及时填写实习报告，发现问题及时向指导教师汇报，不得自行处理。
3. 各项检校顺序不能颠倒。在检校过程中要同时填写实习报告。
4. 检校完毕，要将各个校正螺丝拧紧，以防脱落。
5. 每项检校都需重复进行，直到符合要求。
6. 校正后应再作一次检验，看其是否符合要求。
7. 本次实习只作检验，校正应在指导教师指导下进行。

五、上交资料

每人上交 DJ_6 级光学经纬仪的检验与校正实习报告一份（见附录九）。

实习九　全站仪的基本操作与使用

一、目的与要求

1. 学会全站仪的基本操作和常规设置。
2. 掌握一种型号的全站仪测距、测角。
3. 为完成导线测量任务打下基础。

二、仪器与工具

1. 由仪器室借领：全站仪 1 台、棱镜 2 块、对中杆 1 个、木桩 4 个、斧子 1 把、记录板 1 块。
2. 自备：计算器、铅笔、小刀、计算用纸。

三、实习方法与步骤

在指导教师的安排下，每组领取一台全站仪，按下列步骤进行实习：

1. 测前的准备工作：

（1）安置仪器：

将全站仪连接到三脚架上，对中并整平。多数全站仪有双轴补偿功能，所以仪器整平后，在观测过程中，即使气泡稍有偏离，对观测也无影响。

（2）开机：

按 POWER 或 ON 键，开机后仪器进行自检，自检结束后进入测量状态。有的全站仪自检结束后需设置水平度盘与竖盘指标，设置水平度盘指标的方法是旋转照准部，听到鸣响即设置完成；设置竖盘指标的方法是纵转望远镜，听到鸣响即设置完成。设置完成后，显示窗才能显示水平度盘与竖直度盘的读数。

2. 全站仪的基本操作与使用方法：

（1）水平角测量：

①按角度测量键，使全站仪处于角度测量模式，照准第一个目标 A。

②设置 A 方向的水平度盘读数为 $0°00'00''$。

③照准第二个目标 B，此时显示的水平度盘读数即为两方向间的水平夹角。

（2）距离测量：

①设置棱镜常数：测距前，需将棱镜常数输入仪器中，仪器会自动对所测距离进行改正。

②设置大气改正值或气温、气压值：光在大气中的传播速度会随大气的温度和气压而变化，15℃和760mmHg 是仪器设置的一个标准值，此时的大气改正为 0ppm。实测时，可输入温度和气压值，全站仪会自动计算大气改正值（也可直接输入大气改正值），并对测距结果进行改正。

③量仪器高、棱镜高并输入全站仪。

④距离测量：照准目标棱镜中心，按测距键，距离测量开始，测距完成时显示斜距、平距、高差。

全站仪的测距模式有精测模式、跟踪模式、粗测模式三种。精测模式是最常用的测距模式，测量时间约为 2.5 s，最小显示单位为 1mm；跟踪模式，常用于跟踪移动目标或放样时连续测距，最小显示一般为 1cm，每次测距时间约为 0.3 s；粗测模式，测量时间约为 0.7s，最小显示单位为 1cm 或 1mm。在距离测量或坐标测量时，可按测距模式（MODE）键选择不同的测距模式。应注意，有些型号的全站仪在距离测量时不能设定仪器高和棱镜高，显示的高差值是全站仪横轴中心与棱镜中心的高差。

四、注意事项

1. 全站仪在使用的过程中，禁止将望远镜照准太阳强光，防止损坏仪器。
2. 全站仪在使用前应仔细检查仪器的各项参数的设置，防止测量结果出现错误。

五、上交资料

每组上交利用全站仪进行水平角及距离测量记录表格一份，每人测量水平角一测回和两个目标距离（见附录十）。

实习十　全站仪导线测量

一、目的与要求

1. 掌握全站仪导线的外业布设、施测。
2. 掌握导线的内业计算方法。

二、仪器与工具

1. 由仪器室借领：全站仪1台、棱镜2块、带三脚架的对中杆2个、木桩4个、斧子1把、记录板1块。
2. 自备：计算器、铅笔、小刀、计算用纸。

三、实习方法与步骤

1. 在测区内选定由3~4个导线点组成的闭合导线。在各导线点打下木桩，钉上小钉或用油漆标定点位。绘出导线略图。
2. 用全站仪观测各边水平距离。
3. 采用测回法观测导线各转折角（内角），每站观测一测回，上、下半测回较差应小于40″，取平均值使用。
4. 计算：

(1) 角度闭合差

$$f_\beta = \sum \beta - (n-2) \times 180°$$

式中：n 为测角数。

(2) 导线全长相对闭合差。

(3) 外业成果合格后，内业计算各导线点坐标。

四、注意事项

1. 导线点间应互相通视，边长以60~80m为宜。若边长较短，测角时应特别注意提高对中和瞄准的精度。
2. 如无起始边方位角时，可按实地大致方位假定一个数值。起始点坐标也可假定。
3. 限差要求为：同一边往、返测相对误差应小于1/2000。导线角度闭合差的限差为 $±40″\sqrt{n}$，n 为测角数；导线全长相对闭合差的限差为1/2000。超限应重测。
4. 实习结束时每组上交导线测量观测记录表（见附录十一）。

实习十一 全站仪三维坐标测量

一、目的与任务

1. 了解导线测量工作内容和方法，进一步提高测量技术水平。
2. 掌握全站仪坐标测量原理和方法。

二、仪器与工具

1. 由仪器室借领：全站仪1台、棱镜2块、带三脚架的对中杆2个、木桩4个、斧子1把、记录板1块。

2. 自备：计算器、铅笔、小刀、计算用纸。

三、实习方法与步骤

利用全站仪三维导线测量功能测量一个任意三角形的各角点坐标。

1. 在实验区域内选取 A、B、C、D 四点，A、D 通视，A、B、C 相互通视，如图 11-1 所示组成三角形，假设 AD 为已知方位边，A 为已知点。

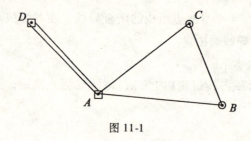

图 11-1

2. 在 A 点架设全站仪，对中、整平后，量取仪器高，输入测站坐标、高程、仪器高。后视 D 点，设置后视已知方位角。
3. 依次观测 C 点、B 点，输入各反光镜高，测量并记录其三维坐标及 AB 方位角。
4. 迁站至 B 点，以 B 为测站，以 A 为后视，观测 C 点，记录其三维坐标，注意各边高差应取对向观测高差的平均值，以消除球气差的影响。
5. 迁站至 C 点，以 C 为测站，以 B 为后视，观测 A 点，记录其三维坐标。
6. 计算坐标闭合差，评定导线精度。

四、仪器及工具

全站仪 1 套、对中架 2 副、棱镜 2 个、花杆 1 根、记录板 1 块。

五、注意事项

1. 边长较短时，应特别注意严格对中。
2. 瞄准目标一定要精确。
3. 注意目标高和仪器高的量取和输入。

六、上交资料

每人上交一份含有合格观测记录的实习报告（见附录十二）。

项目三　地形图测绘与应用

实习十二　经纬仪测绘法测图

一、目的与要求

1. 熟悉经纬仪测绘法测图的操作要领。
2. 了解经纬仪测绘法测图全部组织工作。

二、仪器与工具

1. 由仪器室借领：经纬仪 1 台、平板 1 套、三角板 1 副、量角器 1 个、记录板 1 块、花杆 1 根、塔尺 1 根、大头针 5 枚、比例尺 1 把、卷尺 1 盒、图纸 1 张、测伞 1 把。
2. 自备：计算器、铅笔、小刀、橡皮、分规、草稿纸。

三、实习方法与步骤

1. 在选定的测站上安置经纬仪，量取仪器高，并在经纬仪旁边架设小平板（图纸已粘在小平板上）。
2. 用大头针将量角器中心与平板图纸上已展绘出的该测站点固连。
3. 选择好起始方向（另一控制点），并标注在小平板的格网图纸上。
4. 经纬仪盘左位置照准起始方向后，水平度盘设置成 00°00′00″。
5. 用经纬仪望远镜的十字丝中丝照准所测地形点视距尺上的"便利高"分划处的标志，读取水平角、竖盘读数（计算出竖直角）及视距间隔，算出视距，并用视距和竖直角计算高差和平距，同时根据测站点的假定高程计算出此地形点的高程。
6. 绘图人员用量角器从起始方向量取水平角，定出方向线，在此方向线上依测图比例尺量取平距，所得点位就是把该地形点按比例尺测绘到图纸上的点，然后在点的右旁标注其高程。
7. 用同样的方法，可将其他地形特征点测绘到图纸上，并描绘出地物轮廓线或等高线。
8. 人员分工是一人观测、一人绘图、一人记录和计算、一人跑尺，每人测绘数点后，再交换工作。

四、注意事项

1. 此测图方法，经纬仪负责全部观测任务，小平板只起绘图作用。

2. 起始方向选好后,经纬仪在此方向上要严格设置成 00°00′00″。观测期间要经常进行检查,发现问题及时纠正或重测。

3. 在读竖盘读数时,要使竖盘指标水准管气泡居中,并应注意修正,因竖盘指标差对竖直角有影响。

4. 记录、计算要迅速准确,保证无误。

5. 测图中要保持图纸清洁,尽量少画无用线条。

6. 仪器和工具比较多,要各负其责,既不出现仪器事故,又不丢失测图工具。

7. 测点高程采用假定高程,碎部点均采用"便利高"法观测。

8. 跑尺者与观测者要按预先约定好的手势进行作业。

五、上交资料

1. 每组上交经纬仪测绘法测图记录表和所测原图各一份(见附录十三)。

2. 每人上交实习报告一份(见附录十三)。

附录一 水准仪的认识与操作实习报告

日期：　　　　班级：　　　　组别：　　　　姓名：　　　　学号：

实习题目	**水准仪的认识与操作**	成绩	
实习目的			
主要仪器及工具			

1. 在下图引出的标线线上标明仪器该部件的名称。

2. 用箭头标明如何转动三只脚螺旋，使下图所示的圆水准气泡居中。

3. 简述消除视差的步骤。

4. 简述微倾式水准仪进行水准测量前，如何操作使仪器圆水准气泡和管水准气泡居中。

5. 实习总结。

附录二 等外水准测量记录表

仪器型号：		日期：	班级：		观测：	
工程名称：		天气：	组别：		记录：	

测 点	后视读数（m）	前视读数（m）	高 差 (m)	高 程 (m)	备 注
$\sum$			$\sum h =$		

等外水准测量实习报告

日期：　　　　班级：　　　　组别：　　　　姓名：　　　　学号：

实习题目	**等外水准测量**	成绩	
实习目的			
主要仪器及工具			
实习场地布置草图			
实习主要步骤			
实习总结			

附录三 水准仪的检验与校正实习报告

日期：　　　　　班级：　　　　　组别：　　　　　姓名：　　　　　学号：

实习题目	微倾式水准仪的检验与校正	成绩	
实习目的			
主要仪器及工具			

1. 描述在对十字丝横丝与仪器竖轴是否垂直的检校过程中，如何判定十字丝横丝与仪器竖轴是否垂直，并画图说明。

2. 描述在对圆水准器轴与仪器竖轴是否平行的检校过程中的检校过程，并画图说明。

3. 水准管轴与视准轴是否平行的检校记录。

仪器位置	项目	第一次	第二次
在 A、B 两点中间置仪器测高差	后视 A 点尺上读数 a_1		
	前视 A 点尺上读数 b_1		
	$h_{AB}=$　　　　　（取两次平均值）		
在 A 点附近置仪器进行检校	A 点尺上读数 a_2　　　（一次）		
	B 点尺上读数 b_2　　　（一次）		
	计算 $b_2'=a_2-h_{AB}$		
	计算偏差值 $\Delta b=b_2-b_2'$		
	是否需校正		

4. 实习总结。

附录四 四等水准测量记录表

测自：　　　至　　　止　　　天气：　　　观测者：
时间：　　年　月　日　　　成像：　　　记录者：

测站编号	点号	后尺 下丝 上丝 后视距(m) 视距差d(m)	前尺 下丝 上丝 前视距(m) ∑d(m)	方向及尺号	标尺读数(m) 黑面	标尺读数(m) 红面	K+黑−红 (mm)	高差中数 (m)	备注
		(1)	(4)	后	(3)	(8)	(10)		
		(2)	(5)	前	(6)	(7)	(9)	(14)	
		(15)	(16)	后−前	(11)	(12)	(13)		
		(17)	(18)						
				后					
				前					
				后−前					
				后					
				前					
				后−前					
				后					
				前					
				后−前					
				后					
				前					
				后−前					
检核		∑(15) = −)∑(16) = ———— = = 末站(18)	∑(3) + ∑(8) = −)∑(6) + ∑(7) = ———— = 总视距 = ∑(15) + ∑(16) =				∑(11) + ∑(12) = ∑(14) 2∑(14) =		

四等水准测量实习报告

日期：　　　　班级：　　　　组别：　　　　姓名：　　　　学号：

实习题目	**四等水准测量**	成绩	
实习目的			
主要仪器及工具			
实习场地布置草图			
实习主要步骤			
实习总结			

附录五　DJ_6级光学经纬仪的认识与操作实习报告

日期：　　　　班级：　　　　组别：　　　　姓名：　　　　学号：

实习题目	DJ_6级光学经纬仪的认识与操作	成绩	
实习目的			
主要仪器及工具			

1. 在下图引出的标线上标明仪器该部件的名称。

2. 用箭头标明如何转动三只脚螺旋，使下图所示的圆水准气泡居中。

3. 将水平度盘读数设置为 00°00′00″、90°00′00″、120°35′00″。

4. 观测记录练习。

测　站	目　标	盘左读数	盘右读数	备　注

5. 实习总结。

附录六 DJ₂级光学经纬仪的认识与操作实习报告

日期：   班级：   组别：   姓名：   学号：

实习题目	DJ₂级光学经纬仪的认识与操作	成绩	
实习目的			
主要仪器及工具			

1. 在下图引出的标线上标明仪器该部件的名称。

2. 绘出所用仪器的读数窗示意图。

3. 平度盘读数设置为 00°00′00″、90°00′00″、120°08′35″。

4. 观测记录练习。

测　站	目　标	盘左读数	盘右读数	备　注

5. 实习总结。

附录七 用测回法观测水平角记录表

日期：   班级：   组别：   姓名：   学号：

测站	盘位	目标	水平度盘读数 （° ′ ″）	半测回水平角 （° ′ ″）	一测回水平角 （° ′ ″）
	左				
	右				
	左				
	右				
	左				
	右				
	左				
	右				

用测回法观测水平角实习报告

日期：　　　班级：　　　组别：　　　姓名：　　　学号：

实习题目	用测回法观测水平角	成绩	
实习目的			
主要仪器及工具			
实习场地布置草图			
实习主要步骤			
实习总结			

附录七 用测回法观测水平角记录表

日期：　　　班级：　　　组别：　　　姓名：　　　学号：

测站	盘位	目标	水平度盘读数 （° ′ ″）	半测回水平角 （° ′ ″）	一测回水平角 （° ′ ″）
	左				
	右				
	左				
	右				
	左				
	右				
	左				
	右				

用测回法观测水平角实习报告

日期：　　　　班级：　　　　组别：　　　　姓名：　　　　学号：

实习题目	用测回法观测水平角	成绩	
实习目的			
主要仪器及工具			
实习场地布置草图			
实习主要步骤			
实习总结			

附录八 观测竖直角记录表

日期：　　　　班级：　　　　组别：　　　　姓名：　　　　学号：

测站	目标	竖盘位置	竖盘读数 (° ′ ″)	半测回竖直角 (° ′ ″)	指标差 (′ ″)	一测回竖直角 (° ′ ″)
		左				
		右				
		左				
		右				
		左				
		右				
		左				
		右				
		左				
		右				
		左				
		右				
		左				
		右				
		左				
		右				

竖直角测量实习报告

日期：　　　　班级：　　　　组别：　　　　姓名：　　　　学号：

实习题目	竖直角测量	成绩	
实习目的			
主要仪器及工具			
实习场地布置草图			
实习主要步骤			
实习总结			

附录九　DJ₆级光学经纬仪的检验与校正实习报告

日期：　　　班级：　　　组别：　　　姓名：　　　学号：

实习题目	DJ₆级光学经纬仪的检验与校正	成绩	
实习技能目标			
主要仪器及工具			

1. 一般性检验结果是：三脚架＿＿＿＿＿＿＿＿＿＿＿，水平制动与微动螺旋＿＿＿＿＿＿＿＿，望远镜制动与微动螺旋＿＿＿＿＿＿＿＿＿＿＿＿，照准部转动＿＿＿＿＿＿＿＿，望远镜转动＿＿＿＿＿＿＿＿＿＿，望远镜成像＿＿＿＿＿＿＿＿，脚螺旋＿＿＿＿＿＿＿＿＿。

2. 经纬仪的主要轴线有＿＿＿＿＿＿＿＿＿＿＿＿＿＿＿＿＿＿＿＿＿＿＿＿＿＿＿＿＿＿，它们之间正确的几何关系是＿＿。

3. 水准管轴的检验。

水准管平行一对脚螺旋时气泡位置图	照准部旋转180°后气泡位置图	照准部旋转180°后气泡应有的正确位置图	是否需校正

4. 十字丝纵丝的检验。

检验开始时望远镜视场图	检验终了时望远镜视场图	正确的望远镜视场图	是否需校正

续表

5. 视准轴的检验。

<table>
<tr><td rowspan="3">盘左盘右读数法</td><td>仪器安置点</td><td>目标</td><td>盘位</td><td>水平度盘读数</td><td>平均读数</td></tr>
<tr><td rowspan="2">A</td><td rowspan="2">G</td><td>左</td><td></td><td></td></tr>
<tr><td>右</td><td></td><td></td></tr>
<tr><td rowspan="2">检 验</td><td colspan="4">计算 $2c=左-(右\pm180°)$</td></tr>
<tr><td colspan="4">是否需要校正</td></tr>
</table>

6. 横轴的检验。

<table>
<tr><td>仪器安置点</td><td>目标</td><td>盘位</td><td>水平目标点</td><td>两点间水平距离</td></tr>
<tr><td rowspan="2">A
（竖直角大于30°）</td><td rowspan="2">M</td><td>左</td><td>B_1</td><td rowspan="2"></td></tr>
<tr><td>右</td><td>B_2</td></tr>
<tr><td colspan="5">计算 $i=\dfrac{B_1B_2}{2S}\rho''$</td></tr>
<tr><td>检验结论</td><td colspan="4"></td></tr>
</table>

续表

7. 竖盘指标差检验。

仪器安置点	目 标	盘 位	竖盘读数	竖直角
A	G	左		
		右		
检 验		计算指标差		
		是否需校正		

8. 校正方法简述。

水准管轴	
十字丝纵丝	
视准轴	
横轴	
指标差	

9. 实习总结。

附录十 用全站仪观测水平角及水平距离记录表

日期：　　　　班级：　　　　组别：　　　　姓名：　　　　学号：

测站	盘位	目标	水平度盘读数 (° ′ ″)	半测回水平角 (° ′ ″)	一测回水平角 (° ′ ″)	测站到两目标点间水平距离（m）
	左					
	右					
	左					
	右					
	左					
	右					
	左					
	右					

附录十一 导线外业测量记录表

测量时间_____年____月____日 组别____ 观测者_____ 记录者_____

测站	目标	竖盘位置	水平角观测			水平距离观测（m）
			水平度盘读数（° ′ ″）	半测回角值（° ′ ″）	一测回角值（° ′ ″）	
		左				____至____
		右				
		左				____至____
		右				
		左				____至____
		右				
		左				____至____
		右				
		左				____至____
		右				
		左				____至____
		右				

附录十二　全站仪三维坐标测量实习报告

日期：　　　　班级：　　　　组别：　　　　姓名：　　　　学号：

实习题目	全站仪三维坐标测量	成绩	
实习目的			
主要仪器及工具			
实习场地布置草图			
实习主要步骤			
实习总结			

附录十三　地形测量记录表(用经纬仪法)

测站：　　　　后视点：　　　　仪器高 $i=$　　　　测站高程 $H=$

点号	尺间隔 n	中丝读数 v	竖盘读数	竖直角	高差	水平角	水平距离(m)	高程(m)	备注

经纬仪测绘法测图实习报告

日期：　　　　班级：　　　　组别：　　　　姓名：　　　　学号：

实习题目	经纬仪测绘法测图	成绩	
实习目的			
主要仪器及工具			
实习场地布置草图			
实习主要步骤			
实习总结			

参 考 文 献

1. 赵文亮. 地形测量. 郑州：黄河水利出版社，2005.
2. 李仕东. 工程测量. 北京：人民交通出版社，2002.
3. 马真安，阿巴克力. 工程测量实训指导. 北京：人民交通出版社，2005.